¡Conocimiento a tope!

Tiempo tecnológico

La tecnología antes y ahora

Cynthia O'Brien

Traducción de Pablo de la Vega

Crabtree Publishing

crabtreebooks.com

Objetivos específicos de aprendizaje:
Los lectores:

- Entenderán que la tecnología mejora con el paso del tiempo para hacer la vida más fácil, segura y divertida.
- Identificarán algunas tecnologías del día a día y cómo han mejorado.
- Harán conexiones entre las ideas del texto al comparar tecnologías del pasado y del presente.

Palabras de uso frecuente (primer grado) el, era(n), es, esto, hace(n)(r), la, son, tenía(n), tienen, un, una, y	**Vocabulario académico** equipamiento, instrumentos, materiales, pizarra, tecnología

Estímulos antes, durante y después de la lectura:

Activa los conocimientos previos y haz predicciones:
Pide a los niños que lean el título y vean las imágenes de la tapa y la portada. Pregúntales:

- ¿De qué piensan que tratará el libro?
- ¿Qué tecnologías ven en la tapa? ¿En qué se parecen? ¿En qué difieren? (Haz lo mismo con la imagen en la portada).
- ¿Pueden pensar en otras tecnologías que han cambiado a lo largo del tiempo?

Durante la lectura:
Después de leer cualquier página donde se comparen tecnologías, pide a los niños que busquen conexiones en el texto.

Por ejemplo, después de leer las páginas 12 y 13, pregunta:

- ¿Qué tecnología ves en la página 12? ¿Cómo sabes que ha cambiado a lo largo del tiempo?
- ¿Qué palabras te dicen que las imágenes de las páginas 12 y 13 están conectadas? (Los primeros, hoy en día, etc.).

Después de la lectura:
Pide a los niños que escojan un ejemplo de una tecnología que aparezca en el libro y que hagan un diagrama de Venn para comparar y contrastar las versiones del «pasado» y del «presente». Deberán escoger palabras descriptivas del texto, examinar las imágenes, usar sus propias palabras e incorporarlas al diagrama.

Author: Cynthia O'Brien
Series development: Reagan Miller
Editor: Janine Deschenes
Proofreader: Melissa Boyce
STEAM notes for educators:
Reagan Miller and Janine Deschenes
Guided reading leveling: Publishing Solutions Group
Cover and interior design: Samara Parent
Photo research: Cynthia O'Brien and Samara Parent
Print coordinator: Candice Campbell
Translation to Spanish: Pablo de la Vega

Edition in Spanish: Base Tres

Photographs:

iStock: selimaksan: p. 5 (top); mediaphotos: p. 11; dpmike: p. 12

Shutterstock: A. Sontaya: p. 8; Ivan Kurmyshov: p. 9; Jerry Sharp: p. 19

Wikimedia: Adrian Pingstone: p. 18; Argonne National Laboratory: p. 20

All other photographs by Shutterstock

Library and Archives Canada Cataloguing in Publication

Title: La tecnología antes y ahora / Cynthia O'Brien ; traducción de Pablo de la Vega.
Other titles: Technology then and now. Spanish
Names: O'Brien, Cynthia (Cynthia J.), author. | Vega, Pablo de la, translator.
Description: Series statement: ¡Conocimiento a tope! Tiempo tecnológico | Translation of: Technology then and now. | Includes index. | Text in Spanish.
Identifiers: Canadiana (print) 20200300806 | Canadiana (ebook) 20200300814 | ISBN 9780778784210 (hardcover) | ISBN 9780778784333 (softcover) | ISBN 9781427126580 (HTML)
Subjects: LCSH: Technological innovations—Juvenile literature. | LCSH: Inventions—Juvenile literature. | LCSH: Technology—History—Juvenile literature. | LCSH: Technology—Juvenile literature.
Classification: LCC T173.8 .O2718 2021 | DDC j609—dc23

Library of Congress Cataloging-in-Publication Data

Names: O'Brien, Cynthia (Cynthia J.), author. | Vega, Pablo de la, translator.
Title: La tecnología antes y ahora / traducción de Pablo de la Vega ; Cynthia O'Brien.
Other titles: Technology then and now. Spanish
Description: New York, NY : Crabtree Publishing Company, [2021] | Series: ¡Conocimiento a tope! Tiempo tecnológico | Translation of: Technology then and now.
Identifiers: LCCN 2020034161 (print) | LCCN 2020034162 (ebook) | ISBN 9780778784210 (hardcover) | ISBN 9780778784333 (paperback) | ISBN 9781427126580 (ebook)
Subjects: LCSH: Technology--History--Juvenile literature. | Inventions--History--Juvenile literature.
Classification: LCC T48 .O27318 2021 (print) | LCC T48 (ebook) | DDC 609--dc23

Índice

Tecnologías que cambian 4

Viajar en el cielo 6

Los automóviles antes y ahora 8

Cambios en la escuela .. 10

Teléfonos celulares 12

Haciendo deporte 14

Haciendo música 16

Combatiendo el fuego .. 18

Computadores 20

Palabras nuevas 22

Índice analítico y biografía de la autora .. 23

Notas sobre STEAM para educadores 24

Crabtree Publishing

crabtreebooks.com 800-387-7650

En Canadá: agradecemos el apoyo económico del gobierno de Canadá en nuestras actividades editoriales.

Publicado en Canadá
Crabtree Publishing
616 Welland Avenue
St. Catharines, Ontario
L2M 5V6

Publicado en los Estados Unidos Crabtree Publishing
347 Fifth Avenue
Suite 1402-145
New York, NY 10016

Printed in the U.S.A./062025/CP20250522

Tecnologías que cambian

Las tecnologías son herramientas que nos ayudan a hacer nuestro trabajo.

Algunas tecnologías hacen la vida más fácil.

Algunas tecnologías hacen la vida más segura.

Algunas tecnologías hacen la vida más divertida.

Con el paso del tiempo, la tecnología ha ido cambiando. La gente encontró formas nuevas de hacer la vida más fácil, segura y divertida.

Los primeros televisores tenían pantallas pequeñas. Hoy en día, ¡los televisores tienen pantallas grandes! Son más fáciles y divertidos de usar.

Viajar en el cielo

Un avión es una tecnología. Hace que **viajar** sea más fácil. Nos ayuda a ir de un lado a otro muy rápido.

El primer avión era pequeño. No volaba muy rápido o muy alto. El primer vuelo duró cerca de 12 segundos.

¡Hoy en día, los aviones viajan muy rápido! Viajan arriba de las nubes. Pueden llevar a mucha gente.

Los automóviles antes y ahora

Un automóvil es una tecnología que hace que viajar sea más fácil. ¿Viajas en automóvil?

Este automóvil de hace mucho tiempo tenía tres ruedas y no tenía techo. Tenía un asiento para dos personas.

Es más fácil viajar en los automóviles de ahora. Tienen techo y cuatro ruedas. Tienen asientos para mucha gente.

Cambios en la escuela

Usamos tecnologías en la escuela que hacen del aprendizaje algo más fácil o divertido.

Las aulas del pasado eran muy diferentes. Los estudiantes se sentaban juntos en largas bancas de madera. Escribían con tiza en una **pizarra** pequeña.

En las aulas de hoy en día, los estudiantes se sientan en escritorios. Escriben con lápices en papel. ¡Incluso usan computadores para que aprender sea más fácil!

¿Qué tecnologías usas en el aula para aprender más fácil?

Teléfonos celulares

Un teléfono celular hace que hablar con otra persona sea más fácil.

Los primeros teléfonos celulares eran grandes y pesados. ¡Eran tan grandes que no podías meterlos en el bolsillo! No tenían cámara ni juegos.

Hoy en día los teléfonos celulares son pequeños. Es fácil llevarlos a donde sea. ¡Es divertido usarlos! Tienen cámaras y juegos.

Haciendo deporte

La gente siempre ha creado tecnologías para hacer la vida más divertida. ¡El **equipamiento** para los deportes hace la vida divertida!

Las **raquetas** de tenis de antes eran pesadas. Estaban hechas de madera.

Hoy en día, las raquetas de tenis están hechas de un **material** diferente. El nuevo material hace que las raquetas sean muy ligeras. Esto hace que pegarle a la pelota de tenis sea más fácil.

Haciendo música

Los **instrumentos** son tecnologías que ayudan a la gente a hacer música. ¡Hacen la vida más divertida!

Los primeros tambores estaban hechos de madera y cuero de animales. Algunas personas aún hacen música con tambores como esos.

Los tambores de hoy en día están hechos de muchos materiales, como el plástico. Cada material hace un sonido diferente.

¡Una **caja de ritmos** puede imitar el sonido de un tambor!

Combatiendo el fuego

Un camión de bomberos es una tecnología que hace la vida más segura.

Hace mucho, los camiones de bomberos eran jalados por caballos o por gente. El camión llevaba cubos con agua para extinguir los incendios.

Hoy en día, los camiones de bomberos tienen **motores**. Pueden llegar rápido a donde hay un incendio. Tienen mangueras y escaleras largas. Esto ayuda a los bomberos a extinguir incendios más fácilmente.

Computadores

¡Un computador es una tecnología que puede hacer la vida más fácil, segura y divertida!

¡Los primeros computadores eran tan grandes como una habitación! Tenían muchos cables y botones. Eran difíciles de usar.

Los computadores de ahora son más fáciles de usar. También son más pequeños. Los computadores portátiles pueden ser llevados a todas partes.

Palabras nuevas

caja de ritmos: sustantivo. Caja que contiene un mecanismo que puede imitar muchos sonidos.

equipamiento: sustantivo. Cosas usadas para un propósito determinado.

instrumentos: sustantivo. Herramientas que pueden hacer muchas cosas, como sonidos musicales.

material: sustantivo. Algo de lo que un objeto está hecho, o que es usado para ciertas funciones.

motor: sustantivo. Parte de una máquina que la hace funcionar o moverse.

pizarra: sustantivo. Una tableta en la que se puede escribir.

raquetas: sustantivo. Herramientas deportivas que se usan para pegarle a una pelota.

viajar: verbo. Moverse de un lugar a otro.

Un sustantivo es una persona, lugar o cosa.

Un verbo es una palabra que describe una acción que hace alguien o algo.

Un adjetivo es una palabra que te dice cómo es alguien o algo.

Índice analítico

aula(s): 10, 11
automóvil(es): 8, 9
avión, aviones: 6, 7
camiones de bomberos: 18, 19
computador(es): 11, 20, 21
computador(es) portátil(es): 21
raquetas de tenis: 14, 15
tambor(es): 16, 17
teléfono(s) celular(es): 12, 13
televisores: 5

Sobre la autora

Cynthia O'Brien ha escrito muchos libros para jóvenes lectores. Es divertido ayudar en la creación de una tecnología como el libro. Los libros pueden estar llenos de historias. También te enseñan acerca del mundo que te rodea, incluyendo otras tecnologías, como los robots.

Notas de STEAM para educadores

¡Conocimiento a tope! es una serie de alfabetización que ayuda a los lectores a desarrollar su vocabulario, fluidez y comprensión al tiempo que aprenden ideas importantes sobre las materias de STEAM. *La tecnología antes y ahora* anima a los lectores a hacer conexiones en el texto al comprobar cómo ha cambiado una tecnología a lo largo del tiempo. La actividad STEAM de abajo ayuda a los lectores a expandir las ideas del libro para el desarrollo de habilidades tecnológicas, matemáticas y científicas.

Haciendo nuevas mejoras

Los niños lograrán:

- Identificar los tipos específicos de hechos para mejorar distintas tecnologías.
- Crear un plan para mejorar una tecnología usando un tipo específico de cambio.

Materiales

- Tabla de identificación de cambios.
- Ejemplo completo de la tabla de identificación de cambios.
- Hoja de retos.

Guía de estímulos

Después de leer *La tecnología antes y ahora*, pregunta:

- ¿Por qué la gente modifica las tecnologías con el paso del tiempo? ¿De qué maneras cambia?
- ¿Pueden pensar en otro ejemplo de una tecnología que ha mejorado con el tiempo? ¿Cómo ha mejorado?

Actividades de estímulo

Explica a los niños que explorarán algunas de las formas como las tecnologías mejoran, ¡y luego harán un plan para mejorar nuestras propias tecnologías!

Da a cada niño una tabla de identificación de cambios. Ten a la mano una versión grande de la tabla en una cartulina, para que todo el grupo pueda llenarla en conjunto. Una tabla con algunos ejemplos completos fue incluida para uso del educador. Cada tabla identifica métodos a través de los cuales las tecnologías son mejoradas.

Cuando la tabla haya sido completada, habla acerca de las formas en las que los ingenieros han mejorado las tecnologías a lo largo del tiempo. Luego, entrega a los niños la hoja de retos. Explícales el reto.

En grupos pequeños de tres o cuatro, los niños escogerán una tecnología que usamos hoy en día, y harán una lluvia de ideas sobre cómo mejorar esa tecnología usando uno de los métodos de mejora identificados en la tabla.

Pide a cada grupo que dibuje su tecnología mejorada y explique por escrito cómo fue mejorada. Haz que los niños presenten sus ideas.

Extensiones

Invita a los niños a imaginar otro método para mejorar una tecnología. Aplica ese método a la tecnología contemporánea.

Para ver y descargar las hojas de trabajo, visita **www.crabtreebooks.com/resources/printables**.